U0376384

身边生动的自然课

四季丰硕的果实

中国科学院院士　匡廷云◎著

吉林科学技术出版社

图书在版编目（CIP）数据

四季丰硕的果实 / 匡廷云著；王丹丹译. -- 长春：
吉林科学技术出版社，2018.6
（身边生动的自然课）
ISBN 978-7-5578-3973-4

Ⅰ．①四… Ⅱ．①匡… ②王… Ⅲ．①果实－儿童读
物 Ⅳ．①Q944.59-49

中国版本图书馆CIP数据核字(2018)第075969号

Familiar Nature: Four Seasons' Fruits 最も近い自然アラウンド．実りの季節
Copyright© Kuang Tingyun（匡廷云）/Fujihara Satoshi（藤原智），2016
All rights reserved.

吉林省版权局著作合同登记号：图字07-2017-0052

四季丰硕的果实 SIJI FENGSHUO DE GUOSHI

著　　者　匡廷云
译　　者　王丹丹
绘　　者　[日]藤原智
出 版 人　李　梁
责任编辑　潘竞翔　赵渤婷
封面设计　长春美印图文设计有限公司
制　　版　长春美印图文设计有限公司
开　　本　880 mm × 1230 mm　1/20
字　　数　40千字
印　　张　2.5
印　　数　1-8000册
版　　次　2018年6月第1版
印　　次　2018年6月第1次印刷

出　　版　吉林科学技术出版社
发　　行　吉林科学技术出版社
地　　址　长春市人民大街4646号
邮　　编　130021
发行部电话/传真　0431-85677817　85635177　85651759
　　　　　　　　　　　85651628　85600611　85670016
储运部电话　0431-84612872
编辑部电话　0431-86037576
网　　址　www.jlstp.net
印　　刷　长春新华印刷集团有限公司

书　　号　ISBN 978-7-5578-3973-4
定　　价　28.00元
如有印装质量问题可寄出版社调换
版权所有　翻印必究　举报电话：0431-85635186

前　言

　　地球上千奇百怪的植物始终伴随着人类的发展历程，人类生活习惯的演变离不开植物世界。路边的小草、庭院里的盆花、餐桌上的蔬果、园子里的果树，它们发生过什么有趣的事？兰花有多少种？含羞草为什么能预报天气？如何迅速区分玫瑰与月季？三叶草只有三片叶子吗？无花果会开花吗？莲花的姐妹是谁？麦冬的哪个部分可供药用？人类与植物世界存在着怎样的联系？植物之间是如何相互依存、相互影响的？……本系列丛书为孩子展现了生活中最常见植物的独特之处，不仅能够培养孩子的观察、思考能力，还能够丰富他们的想象力，提高他们的创造力，是一套值得小读者阅读的科普读物。

中国科学院院士

中国著名植物学家

李子	栗子	毛樱桃	梅子
22 页	*23 页*	*24 页*	*25 页*

猕猴桃	木瓜	木波罗
26 页	*27 页*	*28 页*

树莓

桃子

无花果

杏

洋蒲桃

樱桃

柚子

枣

初夏时节，木半夏已由原来的青色变成红色，成熟了。将木半夏从树上采下并清洗后，除了内部的果核，其他部位均可以食用。入口时，口味香甜，回味微酸，略带涩味。

木半夏

【胡颓子科胡颓子属】

早春开花，气味清香。花朵最开始为白色，逐渐变成黄色，然后凋谢。

木半夏的花朵盛开时，可以将其采下，经过清洗、晒干制成花茶，还可以用来泡酒。

木半夏有野生的，也有人工培育的，培育的品种一般种植在院子或公园里，具有一定的装饰作用。

别称：四月子、羊奶子、半春子、三月枣

种类：落叶直立灌木

成熟时节：6~7月

核桃树每年 5 月开花，6 月开始结果，到了盛夏时节，青色的核桃便挂满了树枝。核桃在秋季成熟，可以存放很长时间。核桃包裹在一层青色的外果皮内，当核桃成熟的时候，外果皮会开裂，核桃会掉落到地上。核桃还有一层坚硬的壳，把这层壳去掉，就露出了皱巴巴的核桃仁。

核桃【胡桃科胡桃属】

核桃的外形如同一颗微型大脑，核桃仁有很多褶皱，与大脑皮层相似。

核桃仁可以用来制作糕点，香喷喷的。

别称：胡桃、羌桃

种类：落叶乔木

成熟时节：9~10 月

火龙果的果实形似红色火球，并因此得名。火龙果为多年生肉质攀缘植物。其植株非常奇特，没有叶子，茎上只有叶腋所生成的小窗孔，孔内还长有小刺。火龙果呈长圆形，成熟时外皮为红色，去皮后可以直接食用，也可以做成沙拉等，味道清香可口。

火龙果
【仙人掌科量天尺属】

火龙果的花朵为白色，呈漏斗形。花朵非常大，花高 30 厘米，直径达 11 厘米，甚是美观。花朵可以熬汤，味道鲜美。

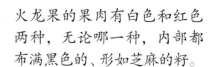

别称：霸王花、红龙果、量天尺

种类：攀缘肉质灌木

成熟时节： 5~6 月

火龙果的果肉有白色和红色两种，无论哪一种，内部都布满黑色的、形如芝麻的籽。

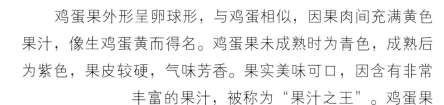

鸡蛋果外形呈卵球形，与鸡蛋相似，因果肉间充满黄色果汁，像生鸡蛋黄而得名。鸡蛋果未成熟时为青色，成熟后为紫色，果皮较硬，气味芳香。果实美味可口，因含有非常丰富的果汁，被称为"果汁之王"。鸡蛋果可供药用，具有消除疲劳、美容养颜、消炎祛斑等功效。鸡蛋果非常高产，不仅可以直接食用，还可以作为蔬菜甚至饲料原料。

花朵生于叶腋，每处只生一朵。花朵较大，基部为淡绿色，中部为紫色，顶部为白色，非常美观。

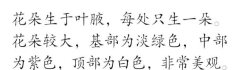

鸡蛋果晒干后，表皮褶皱增多，切开取出果肉，可以泡茶饮用。

别称：百香果、西番莲

种类：草质藤本植物

成熟时节：11月

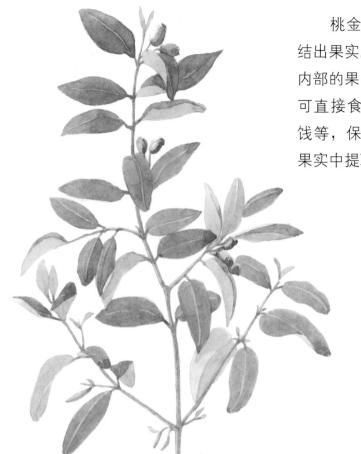

桃金娘

【桃金娘科桃金娘属】

桃金娘于 5~7 月开花，待花凋谢后，结出果实。桃金娘成熟时，表皮为紫黑色，内部的果肉为红色，鲜嫩多汁，甜美可口，可直接食用。果实可以加工制成果酱、蜜饯等，保存一段时间后再食用，还可以从果实中提取果汁或泡果酒饮用。

花朵为鲜艳的红色，花朵较大且密集，直径为 2~4 厘米，很美观，常被种植在庭院作装饰花卉。

桃金娘树属于较为矮小的常绿灌木，高约 1~2 米，幼枝较细，叶子为革质、对生。整株可供药用，具有活血通络、补虚止血等功效。

果实为卵状壶形，长约 1~1.5 厘米，可整颗食用。

别称： 当梨根、稔子树、山稔

种类： 常绿灌木

成熟时节： 7~9 月

橘子原产于中国，具有数千年的培育历史。冬季成熟，虽然未成熟时就可以食用，但是味道过酸，口感略差。当橘子成熟后，表皮由青色变成黄色，酸味减少，甜味增加。食用橘子时，需要将橘子皮剥开。

橘子果肉多汁，可以制成罐头，保存很长时间后亦可食用。

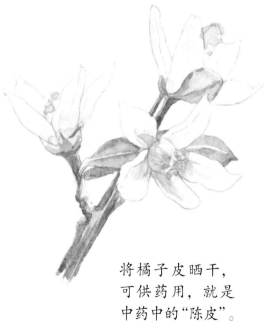

橘子树于5月开花，花朵为白色，有清新的香气。

将橘子皮晒干，可供药用，就是中药中的"陈皮"。

别称：柑橘、大红袍、大红蜜橘

种类：常绿小乔木

成熟时节：9~11月

君迁子与柿子类似，但体积小了很多。君迁子未成熟时表皮为青色，成熟后先变为淡黄色，后逐渐变为蓝黑色。在冬季经过霜冻后，褶皱增多，涩味消失而且变甜。尽管如此，很多人却喜欢在君迁子还带有涩味时采摘下来，放到容器内浸泡，结冰后再融化，变得浓稠后饮用，美味至极。

君迁子的叶子较长，一般为5~16厘米，表面的脉络很清晰，青翠欲滴。叶子还可供药用，价值高于柿子树的叶子。

君迁子 〔柿科柿属〕

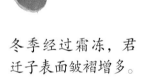

冬季经过霜冻，君迁子表面皱褶增多。

君迁子果肉少，籽多，大概70颗果肉与1颗柿子果肉相等。不过，与柿子一样，君迁子也可以做成柿饼。

别称：黑枣、软枣、野柿子、丁香枣、小柿

种类：乔木

成熟时节：10~11 月

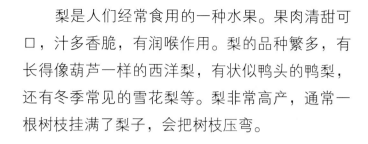

梨是人们经常食用的一种水果。果肉清甜可口，汁多香脆，有润喉作用。梨的品种繁多，有长得像葫芦一样的西洋梨，有状似鸭头的鸭梨，还有冬季常见的雪花梨等。梨非常高产，通常一根树枝挂满了梨子，会把树枝压弯。

将去核的雪梨和冰糖一起慢炖而成的冰糖雪梨，口味香甜，非常爽口，有生津润燥、清热化痰的功效，可用来治疗咳嗽。

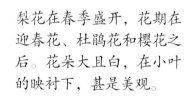

梨花在春季盛开，花期在迎春花、杜鹃花和樱花之后。花朵大且白，在小叶的映衬下，甚是美观。

别称：快果、玉乳、蜜父枣

种类：乔木

成熟时节：9~11月

夏季，李子由青色逐渐变为红色，果肉酸甜可口。成熟的李子多汁、香甜，但果皮很酸，所以，人们常喜欢去掉李子的外皮再食用。李子的品种多，果肉有红色的，也有黄色的。李子的营养丰富，其中抗氧化剂的含量非常高。

李 子

【蔷薇科李属】

李子内有一颗坚硬的核，位于果肉中间。其肉质松软，不能长期保存。

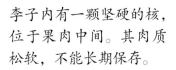

李子和杏子一样，先开花后长叶。4月开花，花朵为白色，排列密集，将枝条覆盖得严严实实，很美观。

把李子的果肉晒干制成果脯，味道酸甜，可以保存很长时间。

别称： 嘉庆子、玉皇李、山李子

种类： 乔木

成熟时节： 7~8 月

栗子俗称"板栗"，包裹在栗球里。栗球为绿色，全身长满了刺，生在树枝上。待栗子彻底成熟时，栗球会自动裂开，也有一些是整个栗球都掉下来。采摘的人需要戴上皮手套，用钳子等工具才能将栗子从栗球里取出来。栗子生食，爽脆可口，煮熟或烤着食用，味道也很香甜。

栗球表面布满硬刺，非常锐利。如果不小心，极容易扎伤手指。

栗子
〔壳斗科栗属〕

将栗子的硬壳去掉，栗子果肉外面还有一层毛茸茸的膜，把这层膜也去掉，就露出黄色的果肉了。炒栗子味道香甜，所以，人们更偏爱炒食。不过，炒之前需要在栗子的硬壳上划开一个小口，以免炒时栗子炸开。

栗子花朵表面有毛，香味浓郁，花蜜的含量也很高。雄花较为独特，又细又长且为白色，远远看去类似白色的羽毛。

别称：栗、板栗

种类：乔木

成熟时节：9~10月

毛樱桃与樱桃相比，颗粒偏小一些。夏季，毛樱桃是最早成熟的水果之一，而且非常高产，通常树枝上密集地挂满了果实，颜色鲜红、富有光泽，在绿叶的映衬下，显得非常诱人。毛樱桃酸甜可口，小孩子非常爱吃。

毛樱桃 〔蔷薇科樱属〕

花朵盛开并授粉后，就会慢慢凋谢，长出小小的绿色果实。果实不断长大，变得饱满，由青色变为红色，最后成熟。毛樱桃常用来装饰蛋糕或做摆盘。

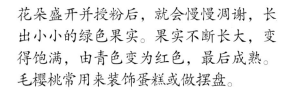

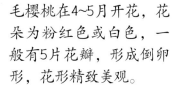

毛樱桃在4~5月开花，花朵为粉红色或白色，一般有5片花瓣，形成倒卵形，花形精致美观。

别称：绒毛樱、山豆子、山樱桃、野樱桃

种类：灌木

成熟时节：6~9月

梅子表皮多毛，成熟时变为黄色。熟透的梅子又酸又涩。因此，梅子通常在还未熟透就已经被采摘了。人们更偏爱用未成熟的梅子酿酒或腌制果酱。梅子经常被作为食材，优点是保存时间较长。

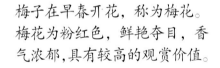

将梅子洗净，加入糖，会有果汁渗出。这种汁液可以用来泡茶，因此叫作"梅子茶"。夏季饮用梅子茶，可以预防中暑。

梅子在早春开花，称为梅花。梅花为粉红色，鲜艳夺目，香气浓郁，具有较高的观赏价值。

梅子可以酿酒，酸中带甜，非常可口。

梅 子
【蔷薇科杏属】

别称：青梅、梅子、酸梅

种类：小乔木

成熟时节：5~8 月

猕猴桃也称"奇异果"，表皮上长有一层短短的灰色茸毛，因猕猴喜食而得名。而新西兰人又觉得这种茸毛跟奇异鸟身上的褐色羽毛非常相像，所以，又称它为"奇异果"。剥开果皮，猕猴桃草绿色的果肉露出来；果肉带有特殊的香味，内部还长有一层黑色或绿色的籽。如果将尚未熟透的猕猴桃采摘回来，也不用着急，放置几天后，果肉会变软，口味也会由酸变甜。

猕猴桃

【猕猴桃科猕猴桃属】

猕猴桃营养丰富、口味鲜美，常被榨成果汁饮用。

别称：羊桃、奇异果

种类：木本藤蔓

成熟时节：8~10 月

猕猴桃是一种木本藤蔓植物，可以攀附在其他树木上生长。

木瓜的果皮干燥后依旧保持光滑，没有皱缩，所以，又被称为"光皮木瓜"。木瓜树有个特点，在生长过程中，树皮会成片脱落，树干变得斑驳，但这并不影响它开花结果。到了秋季，木瓜由青色变成暗黄色，果肉变得厚实，散发出浓郁的香气。

木瓜可以晒干制成木瓜干，也可以用木瓜果肉制成罐头或腌制食用。

木瓜呈长椭圆形，体积较大，长10~15厘米。将它切开，可以发现黄色的果肉里布满黑色的籽。

将木瓜的果肉挖出来，剩下的壳还可以用来做容器。

木瓜

〔蔷薇科木瓜属〕

别称：榠楂、木李、光皮木瓜

种类：乔木

成熟时节：9~10 月

木波罗俗称"波罗蜜"，是一种热带水果，味道甜美。果皮上长有很多六角形的瘤状突起。每当成熟的时候，黄褐色的木波罗挂满树干。木波罗的花也生长在树干上，气味芳香宜人。木波罗的树叶可供药用，具有消肿解毒的功效。

木波罗是世界上最重的水果之一，重达 30 千克，直径通常为 25~50 厘米，长为 30~100 厘米。

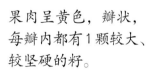

果肉呈黄色，瓣状，每瓣内都有 1 颗较大、较坚硬的籽。

木波罗的树干硬度较高，可用来制作家具，木屑还可以用于制作黄色染料。

木波罗可以经过晒干等步骤制成波罗蜜干、蜜饯，味道甜蜜可口。

别称： 波罗蜜、树波罗

种类： 常绿乔木

成熟时节： 6~7月

苹果是人们喜爱并经常食用的水果。初夏时，苹果的味道清甜中略带酸味。晚秋，苹果成熟，果皮颜色变成红色，果肉也更加香甜。苹果富含各种维生素及微量元素，带皮食用营养更加丰富。苹果的果皮含有大量粗纤维，有助于消化。

苹 果
【蔷薇科苹果属】

苹果的果汁含量较高，苹果汁经过发酵可以制成苹果醋，口味酸中带甜，非常爽口。

别称：平安果、智慧果、超凡子

种类：乔木

成熟时节：7~9 月

苹果树在 4~5 月开花，未开放时，花苞带粉红色，开放后花朵为白色。

葡萄是世界上最古老的果树品种之一，种植历史悠久。它是一种藤蔓植物，可以攀附在棚架上生长。5~6月开花，待花凋谢，就长出青色的葡萄粒来。葡萄成熟时，果皮会变为紫色，颗粒饱满。葡萄是世界上产量最高的水果之一，可以直接食用，还可以用来酿造葡萄酒或制成果汁、罐头等。

葡萄〔葡萄科葡萄属〕

葡萄常用来酿造葡萄酒，即红酒，红酒受到全世界人们的喜爱。

将吃不完的葡萄晒干，就成了葡萄干。用包装袋包好，可以储存很长时间，也不会变质。

别称： 草龙珠、蒲桃、山葫芦

种类： 木质藤本植物

成熟时节： 8~11月

桑葚是桑树的果实，初熟时果皮从青色转为红色，熟透后为黑色，如墨汁一般，颜色黑亮。熟透的桑葚味道甜美，稍微带点儿酸味，有开胃的作用。桑葚的汁液较多，食用时会将嘴角和手指染成黑色，所以，食用时注意保持衣物清洁。余下的桑葚可以加工成果酱、果汁、蜜饯等，或用来酿酒。

桑葚 〔桑科桑属〕

桑叶是蚕的主要食物，人们常采桑叶来饲养蚕。

红色的桑葚已经很甜了，所以，很多小孩等不及，在桑葚还未熟透时，就会采来食用。

别称：桑果、桑枣、桑实、文武实、桑粒

种类：乔木

成熟时节：6 月

山葡萄的外形、味道都与葡萄非常相似，只是它的体积偏小，籽也更多。山葡萄成熟后果皮由青色变为紫色。秋霜之后采摘的山葡萄，味道更香甜，很受孩子们欢迎。现在，人们也在果园里大量种植野生山葡萄。

山葡萄可以用来酿酒或酿果醋，味道酸甜，非常可口。

山葡萄是一种藤本植物，攀缘在其他树木上不断延伸生长。

山葡萄〔葡萄科葡萄属〕

别称：木龙、烟黑

种类：木质藤本植物

成熟时节：7~9月

蛇莓与草莓很相似，因为生长的地方通常有蛇出没，又是蛇喜欢吃的一种食物，故而得名。蛇莓的茎细长，匍匐生长，每节都会生根。成熟的蛇莓呈暗红色，近球形，可直接食用，味道酸甜，略带涩味。整株蛇莓为绿的叶、黄的花、红的果，彼此映衬，非常美观。

蛇莓

〔蔷薇科蛇莓属〕

蛇莓汁液丰富，可榨成果汁饮用。

别称： 蛇泡草、三匹风、三爪龙

种类： 多年生草本植物

成熟时节： 8~10月

蛇莓整株可供药用，晒干后，泡茶饮用，具有清热解毒、收敛止血等功效。制成乳膏，外敷可以治疗疔疮等病症。

神秘果是一种常绿灌木，树形为尖塔形。果实成熟后为鲜艳的红色，果肉不甜还带点酸涩，但含有一种特殊的糖蛋白，具有转换味觉的功能，是一种天然助食剂。一般来说，在食用神秘果的两小时内，继续食用其他酸性水果，会感觉不到酸味，反而是甜的，非常神奇，这也是神秘果名字的由来。

神秘果【山榄科神秘果属】

神秘果可以当作雪糕添加剂，为雪糕的口感增添几分独特的风味。

神秘果具有瘦身和美容的功效，常被制成保健食品，可直接食用，深受爱美人士的喜爱。

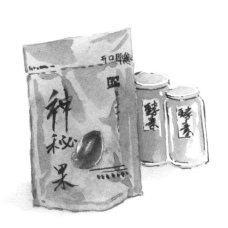

神秘果可提取出具有转换味觉的特殊的糖蛋白，制成助食剂，用来满足糖尿病患者对甜味的需求。

别称：梦幻果、奇迹果

种类：常绿灌木

成熟时节：4~7月

石榴树的枝叶精致，花色鲜艳绚丽，开花后树上会结满红色的果实。石榴的果皮很厚，成熟后自动裂开，露出颗粒饱满的石榴籽。石榴籽是石榴的食用部分，晶莹透亮，富含汁水，酸甜可口。石榴成熟的时候，需要干燥的环境，若遇上多雨的天气，石榴会变得淡而无味。

石榴

〔石榴科石榴属〕

花朵为火红色，鲜艳夺目，花瓣直立，在绿叶的掩映下非常美观。

完成授粉的花朵会结出小石榴，石榴不断长大，果皮逐渐变厚，成熟时，变成红色，还会开裂。

别称： 安石榴、山力叶、丹若、若榴木

种类： 小乔木

成熟时节： 9~10月

人们喜欢在自家院子里种上一两棵柿子树。待三四年后，柿子树上会结出柿子。秋季，成熟了的柿子表皮由绿色变成了黄色，涩味消失，变得像蜂蜜一样甜。不过，空腹时尽量不要吃柿子，容易引起恶心、呕吐。

柿 子 〔柿科柿属〕

将柿子去皮晒干，就制成了柿饼。柿饼味道香甜，有嚼劲，是孩子们喜食的甜品。

柿子很美味，采摘柿子却需要很高的技术含量。爬上树采摘柿子时，要注意安全，因为看似粗壮的柿子树枝干极易发生断裂。

别称：红嘟嘟、朱果、红柿
种类：乔木
成熟时节：10 月

树莓味道酸甜，可以连籽一起食用。从初夏开始，果皮由青色逐渐变红，直到熟透变成黑色。采摘成熟的树莓时，不能让树干晃动较大，否则树莓会大量掉落。树莓的枝蔓上长有尖刺，采摘时，要避免被刺伤。树莓可以用来酿酒，也可制成果汁。树莓的品种有很多，其中绿叶悬钩子是成熟得最早的一种树莓。

树 莓 〔蔷薇科悬钩子属〕

牛叠肚是最为常见的树莓品种，生长在田埂上。

茅莓的颗粒比其他品种的树莓更大一些。

蛇莓不属于树莓，但外表与树莓非常相似，前文（第34页）有相关介绍。

别称：悬钩子、森林草莓、覆盆子

种类：灌木

成熟时节：4~6月

桃子原产于中国，品种丰富，有白桃、黄桃、油桃等。夏季桃子成熟，肉质变得松软，汁液量大，有特殊的香气，香甜可口。桃子食用前一定要清洗干净，因为它的表皮上长有短茸毛。桃子味道香甜，但一次不要食用太多，否则容易腹胀。

桃树春季开花，桃花盛开的时候，成片成片的粉红色常常引人驻足观赏。

将桃花洗净，放入容器中酿成香醇的桃花酒，适量饮用，具有美容养颜的功效。

桃 子 〔蔷薇科桃属〕

桃子极易腐烂，所以为了保存得更久，通常将其制成罐头。

别称：佛桃、水蜜桃

种类：小乔木

成熟时节：7~9月

无花果 【桑科榕属】

无花果并不是不开花的植物，当无花果树结出状似树瘤的果实时，细密的小花就开在果实内部，人们以为这种植物不开花，因此称其为"无花果"。无花果果实圆滚滚的，未成熟时为青色，将要成熟时，无花果会迅速变大、变软。成熟的无花果味道香甜。

切开无花果，会露出柔软的红色果肉，果肉晒干后会变得干瘪，颜色变成灰褐色。

无花果的果肉晒干后可用来泡茶，也可以搭配面包和糕点食用。

别称：映日果、蜜果、文仙果、优昙钵、奶浆果

种类：灌木

成熟时节：8~10月

用无花果的果肉制作的酥饼，味道浓厚、甘甜。

杏的果肉、核仁均可食用。杏未成熟时为青色，青杏非常酸，成熟后，杏变为黄色，口感酸甜。此时，果肉也变得很柔软，不及时采摘就会掉落到地上，有的甚至裂开，露出里面的杏核。

杏

〔蔷薇科杏属〕

杏的果肉可以晒干制成杏干；将杏核坚硬的外壳砸碎，就可以取出杏仁，杏仁也是一种营养丰富的干果。

杏树先开花后长叶。春季开花，花朵为淡红色或白色，花谢的时候，花瓣缓缓飘落，非常美观。

杏仁可以磨成粉末熬粥，味道清香可口。杏仁还可入药。

别称：甜梅、杏果

种类：乔木

成熟时节：6~7月

洋蒲桃是肉质浆果，形状包括梨形、钟形、短棒槌形等。果实颜色繁多，有乳白色、淡绿色、粉红色、鲜红色和暗紫红色等。果实成串聚生，形状类似成串的铃铛。果实表面光滑，覆有一层蜡质，果肉为白色，口感绵软，汁水丰沛，味道酸甜，还带点涩味，别有一番风味。

洋蒲桃
【桃金娘科蒲桃属】

洋蒲桃更适应于生长在温暖的环境，不耐寒。当果实成熟的时候，成串的红色或粉色点缀在绿叶之间，非常美观。

洋蒲桃在3~4月开花，花朵为白色，生在枝端或叶腋，每簇花由3~10朵小花集聚所成。

洋蒲桃可以制成果酱或果汁，味道可口。

别称：瓜哇蒲桃、莲雾

种类：乔木

成熟时节：5~6月

樱桃成熟后，果皮变得鲜亮，颜色红如玛瑙。樱桃的直径为 0.9~1.3 厘米，大小适合直接入口。樱桃的味道甜美，略酸，营养丰富，其中铁元素的含量很高，对于缺铁性贫血的人有补铁功效。不过，樱桃不宜多食。

樱桃

[蔷薇科樱属]

将樱桃制成罐头，可以存放较长时间。

樱桃多汁，可以榨取果汁，制成樱桃味的饮料。

樱桃可以腌制，酸甜可口，很美味。

别称：莺桃、荆桃、樱珠

种类：落叶小乔木

成熟时节：5~6 月

柚子成熟后，果皮变为柠檬黄色，果肉酸甜多汁。柚子皮切成丝，加入少许白糖或蜂蜜腌制，可制成柚子茶。柚子的香气浓郁，留存较久，放在房间里可以改善空气质量。整个柚子都可供药用，对食积不化、慢性咳嗽等具有一定的治疗功效，小孩子吃了还可以开胃助消化。

柚子

【芸香科柑橘属】

柚子树于4~5月开花，花生于叶腋，一处只生一朵花或形成总状花序，花瓣为白色。

柚子树为常绿乔木，高5~10米。每当柚子成熟的时候，柠檬黄色的柚子点缀在绿叶之间，非常美观。

中秋佳节，正是柚子成熟之际，配上月饼，是亲人欢聚共赏明月的时令果品。

别称：文旦、香栾

种类：乔木

成熟时节：9~12月

枣树在 5~7 月开花，待花朵凋谢，便结出枣。未成熟的枣为青色，清脆香甜。等到秋季，枣熟透后，表皮变成了红色，糖分增加。枣除了直接食用，还可以制成枣茶饮用，有帮助睡眠的功效。

枣（鼠李科枣属）

将枣洗净晒干,表皮褶皱增多,可以存放很长时间,而且味道会变得更甜美。

枣可以制成蜜饯、果脯,还可以制成枣泥食用。

别称：大枣、刺枣、贯枣

种类：小乔木

成熟时节：8~9 月